U0352542

Zhongguo Wenhua Zhishi Duben

中国文化知识读本

土楼

主编 金开诚
编著 王忠强

吉林出版集团有限责任公司
吉林文史出版社

图书在版编目（CIP）数据

土楼 / 王忠强编著 .—长春：吉林出版集团有限责任公司：吉林文史出版社，2009.12（2022.1 重印）

（中国文化知识读本）

ISBN 978-7-5463-1537-9

Ⅰ .①土… Ⅱ .①王… Ⅲ .①客家－民居－简介－中国 Ⅳ .① TU241.5

中国版本图书馆 CIP 数据核字（2009）第 222453 号

土楼

TU LOU

主编/ 金开诚 编著/王忠强

责任编辑/**曹恒　崔博华** 责任校对/**刘姝君**

装帧设计/**曹恒** 摄影/**金诚** 图片整理/**董昕瑜**

出版发行/**吉林文史出版社 吉林出版集团有限责任公司**

地址/**长春市人民大街4646号** 邮编/**130021**

电话/**0431-86037503** 传真/**0431-86037589**

印刷/三河市金兆印刷装订有限公司

版次 /**2009 年 12 月第 1 版 2022 年 1 月第 4 次印刷**

开本/**650mm×960mm 1/16**

印张/**8** 字数/**30千**

书号/**ISBN 978-7-5463-1537-9**

定价/**34.80元**

关于《中国文化知识读本》

文化是一种社会现象，是人类物质文明和精神文明有机融合的产物；同时又是一种历史现象，是社会的历史沉积。当今世界，随着经济全球化进程的加快，人们也越来越重视本民族的文化。我们只有加强对本民族文化的继承和创新，才能更好地弘扬民族精神，增强民族凝聚力。历史经验告诉我们，任何一个民族要想屹立于世界民族之林，必须具有自尊、自信、自强的民族意识。文化是维系一个民族生存和发展的强大动力。一个民族的存在依赖文化，文化的解体就是一个民族的消亡。

随着我国综合国力的日益强大，广大民众对重塑民族自尊心和自豪感的愿望日益迫切。作为民族大家庭中的一员，将源远流长、博大精深的中国文化继承并传播给广大群众，特别是青年一代，是我们出版人义不容辞的责任。

《中国文化知识读本》是由吉林出版集团有限责任公司和吉林文史出版社组织国内知名专家学者编写的一套旨在传播中华五千年优秀传统文化，提高全民文化修养的大型知识读本。该书在深入挖掘和整理中华优秀传统文化成果的同时，结合社会发展，注入了时代精神。书中优美生动的文字、简明通俗的语言、图文并茂的形式，把中国文化中的物态文化、制度文化、行为文化、精神文化等知识要点全面展示给读者。点点滴滴的文化知识仿佛繁星，组成了灿烂辉煌的中国文化的天穹。

希望本书能为弘扬中华五千年优秀传统文化、增强各民族团结、构建社会主义和谐社会尽一份绵薄之力，也坚信我们的中华民族一定能够早日实现伟大复兴！

目录

一 土楼的起源与演变

美丽的客家土楼吸引着越来越多的游客

（一）客家先民与土楼之起源

神奇的客家土楼，是客家先民在漫长的迁徙、艰辛的创业、流动的生活过程中传承和发扬中国传统文化的杰出产物，是世世代代客家先民智慧的结晶，是客家文化的象征，是遍布世界各地的客家人心中共同的图腾。

因此，要追溯土楼的起源，首先得了解客家的渊源；要了解客家的渊源，又得首先了解客家迁徙发展之过程。

有人估计现在全球客家人约有一亿两千万左右，其中香港地区有三分之一的华人是客家人；台湾地区有五分之一到四分

点缀在青山和梯田之间的客家土楼

之一的人口是客家人。在内地，除闽、粤、赣三省外，湖南、广西、四川等省都有相当数量的客家人。在海外，东南亚各国、澳大利亚、美国、加拿大，也都有很多客家人。故而有人说，有太阳的地方就有中国人，有中国人的地方就有客家人。

这些从遥远年代走来、又向五湖四海走去的祖祖辈辈的客家人，用他们的勤劳勇敢、聪明睿智谱写了一部客家发展史。而一部客家发展史就是一部饱含辛酸的艰苦奋斗的迁徙史。

研究客家史的人普遍认为，客家是汉族的一个民系，源于中原汉族早期文明中心的黄河中下游流域。其实纵观古史记载，客家先民未南迁时的祖籍地，其地域范围大约为：北起并州上党，西接雍州弘农，东抵扬州淮南，中至豫州新蔡、安丰。也即为汝水以东，颖水以西，淮水以北，黄河上溯到山西长治一带，实际上这是江南汉族各民系共同的祖地。但他们因不堪边陲铁骑部族的长期侵扰，从西晋到明清，一批批从中原辗转迁徙到长江流域以南地区居住，进而不断南下，往各地分散迁徙，形成客家散布于世界上许多地区的局面。

据史学家考证，客家至少经历了五次大规模的迁徙。第一次是在西晋永康年间，动因是北方少数民族入侵中原。移动线大致是从晋、豫等中原地区，迁至鄂、豫之南部和皖、赣长江南北两

四座圆形土楼和一座方形土楼被形象地称为“四菜一汤”

土楼旁的古树盘根错节

岸，少数远抵珠江流域。据《晋书》《新唐书》等记载，自汉末以来，中原战乱加剧，移民也逐渐加剧，陕甘人口锐减，南匈奴人进入山西南部及陕西；羌族入北平、新平、安定等郡；氐族占天水、始平、京兆、扶风等地。关中人口百余万，少数民族人口占很大比例，加之连年旱灾，关中米价万钱，陕、甘饥民数十万。至西晋永嘉年以后，八王构兵，“五胡乱华”，中原社会大乱；晋元帝南渡建康，建立东晋，关中人口大批南迁。但此时移民到闽、粤、赣边缘者尚少。

第二次迁徙的发生，起因在唐末黄巢起

义。唐代末期黄巢事变，其军兵向南转战十一个省区，而这些地方也正是北人南迁经过的主要线路，最远的到达了赣州、汀州、福州、桂林、广州，涉及今客家聚居地中心腹地。北方移民于此时开始如潮涌般进入闽、赣交界的赣州、汀州山区，即今闽西宁化、上杭、连城与赣南宁都等地。这时迁入粤东者还极少。闽、赣边区是数省通衢之地，靠近大运河古贡道，又属长江南岸发达区边缘，以宁化石壁乡为中心这片山地，为北来移民提供了相对适合的安身之处。后来，这里成了客家人以及相当部分闽南人和广府人的摇篮。

第三次迁徙起于北宋末期金人南侵，后又有蒙古族入主中原，北人再次大批南渡，其迁移线路与晋、唐时代的南迁线路大致相同。闽、

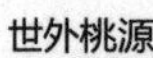
世外桃源

赣边区的汉族移民人口由此巨增，其中部分迁入粤东梅县、广州及赣南的漳州、泉州和福州。

水中土楼的倒影好似一幅泼墨画

第四次起于明末清兵南进，而客家早期开发地区闽西、粤东的人口膨胀，向四周扩散，倒迁赣南，或向湘南、四川、江苏、浙江、湖北、广西、贵州、海南、香港、台湾迁移；与客家文化中心连成片的客家聚居区域，向广东深圳和闽南漳州扩展。到了清末民国初年，除继续往台湾移民外，太平天国革命失败后，粤省客家向雷州半岛、海南岛及北部湾沿海地区迁移，也有不少远迁到国外，形成今日东南亚客家社区。

第五次迁移发生在 20 世纪五六十年代。这个时期，人口日益膨胀，闽、赣、粤山区条件差，难以适应客家发展需要。于是，客家人再次南下，有的南迁到雷州、钦州、广州、潮汕等地，有的则渡海至香港地区、澳门地区、台湾地区，乃至更远至新加坡、印尼等南洋诸岛国，甚至远至欧美等地。

在客家人的五次大迁徙中，前四次迁徙皆因社会动乱、兵燹狼烟，被迫携妻带卷，扶老携幼、背负行囊、背井离乡；只有最后一次迁徙，是为了寻找更大的发展空间而主动迁徙，这是人类社会生产力发展的必然结果，是符合历史发展的一般规律。

车辚辚，马萧萧，泣别祖地，从饮马黄河到摆渡长江，由一望无垠的大草原到山高土瘠的蛮荒之地,迁徙之伍何等绵长，迁徙之路何等艰辛,迁徙的脚步何等沉重，迁徙的希望又何等渺茫。一部《客家之歌》电视剧比较充分地展现出客家先民大规模迁徙的历史画卷，而电视剧的主题曲则如泣如诉地唱出了那段厚重沧桑的历史。客家先民就是如此步履匆匆，迁徙、迁徙、

客家人经历数次迁徙，终于在这片美丽的土地上构筑家园

小桥流水，枯藤老树，土楼坐落在画一样的风景中

再迁徙，南下、南下、再南下。每到一个地方都是以客人的身份出现。对于“客”的含义，有专家从文字学来解释。“客”即为“寄”也。“客”字由“宀”和“各”组成，“宀”表示“交覆深屋也”；“各”为“异辞也，从口夂，夂者有行而止之，不相听也”。因此，久而久之就有了“客家人”的称谓。

良禽择木而栖，更何况灵长类的人呢？漂泊不定的客家先民经过无数次的或举家辗转迁徙、或全族辗转迁徙，选择宜居之地后停下长途跋涉而又十分疲惫的脚步，开始披荆斩棘、构筑家园、繁衍生息，至今日已成为中华民族中一支特殊的民系。

当部分入闽的客家先民迁徙的脚步抵达“天下之水皆向东，唯有此地独流南”的闽西最大河流汀江两岸时，立刻被丰茂的水草、肥沃的土地所吸引，就在这里开始描绘新家的蓝图。由此，连接客家人南迁的两个中转站——福建闽西宁化和广东梅州诞生了，汀江流域因此成为客家人的大本营。无私、宽广、富饶的汀江以博大的胸怀接纳了客家人，使客家人逐步发展壮大为南迁六大民系之一的客家民系。

从许多的珍贵史料和族谱资料中可以看到，几乎每地每姓都把最早迁徙到闽西的先祖尊为南方始祖，把闽西作为告别中原的终点和成为客家人的起点，因此，汀江被天下客家人称为母亲河，成为海内外客家人顶礼膜拜的圣地。宁化也因此被称为客家祖地、客家摇篮。闽、粤、赣被称为客家大本营。

“有朋自远方来，不亦乐乎”是中华民族的优良传统。热情好客的土著人开始还对远道而来的客家先民以宾客礼节相待。但客家人毕竟是举族而迁，需

客家人历尽艰辛终于定居下来

土楼的街门很简单

要大量的居所和赖以生存的耕地等其他生活资源。天长日久，当地土著人担心客家人反客为主，加上生活、生产过程中免不了的摩擦，进而形成一定程度上的对立，继而激化成矛盾冲突、武力相向。由此，深受战乱颠沛流离的客家人的忧患意识非常强烈。

宁化玉屏坑，在唐宋时期已成为客家人聚居地，那里曾栖居着一百多个姓氏，长汀、永定、武平、上杭的客家人均从玉屏坑客家人繁衍而来。由于上述原因，当地土著头人曾多次煽动土著人联合袭扰玉屏坑，均被玉屏坑客家人所击败。玉屏坑客家人为了显示反侵扰、抗蚕食的决心，就将玉屏坑改名为石壁坑，又称石壁寨，

土楼一角

并在住居及村子四周筑起了用于防御的栅栏或围墙，教育子孙后代要有石壁一样的坚硬精神。

立稳脚跟是生存下去的前提，居者有其屋又是立稳脚跟的前提。为了立稳脚跟，也为了生存下去，并有效地抵御袭扰，客家人节衣缩食，购置田地，运用中原传统的生土夯筑技术，加以创新和发展，建造起自己的家园，富有中原传统又具客家特色的建筑——土楼，就这样诞生了。

关于土楼建造的最初创意，因史料阙如，已无法知其详情。但从口耳相传的黄氏兄弟“指土为金”的故事中，可

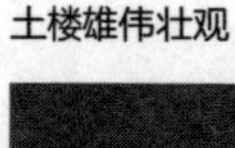

土楼雄伟壮观

土楼旁的图腾柱

略窥其端倪。

据说，黄氏兄弟是两晋皇室后裔，他们避难南逃到了宁化，买了一块地准备盖房。老二说：“砍伐木材来搭建房子，这样方便。”老大说：“砍掉树木成了光山，将来就要产生没水喝的恶果。”“那就开山取石，用石材盖房。”老大说：“用石材，固然好，但费力又费钱。付了购地钱后，现在只有十两黄金，哪里买得起盖房的石材？”老二有点着急：“木料不行，石材也不行，那怎么办？”老大指着脚下的黄土地说：“不急，这里遍地是黄金！”老二不解。老大解释说：“这里的黄土黏性强，掺上白灰、

关于土楼的渊源，有一段美妙的传说

沙子就成了三合土。这是不要钱的建筑材料，这土又是金黄色的，不就是黄金吗？”用土垒房的创意就这样诞生了。兄弟两人用余下的钱购买了木料作楼棚，购了石材固地基，内外墙体皆为黄土夯筑，就这样筑成了日后被称之为“土楼”的独特的家园。

关于客家土楼的渊源还有一个美丽的传说：明正德年间，永定湖雷余氏出了一位品貌出众的姑娘。但姑娘小时候孤苦凄惨，一场灾难，父母双亡，留下姐弟两人割草放牧，相依为命。16岁时，赶上皇帝选妃，那里的民间百姓多为南迁皇亲国戚之后裔，深知宫闱之苦，谁也舍不得将自己的女儿送去。族人相互买通送她前往。一入宫她即被选为贵妃，其亲弟自然成了国舅爷。过了几年，贵妃想念弟弟，皇上降旨召国舅爷入宫。谁料尽管国舅爷对锦衣玉食十分满意，但毕竟久居山野，对宫中的繁文缛节甚为不惯，对宫中的丝竹管弦也不感兴趣，遂告辞还乡。然而，国舅爷出得宫门仍频频回首，一副欲言又止的样子。皇上问个中缘由，他回答说家中房屋矮小，无京城宫殿那般高大雄伟、金碧辉煌，想想回去以后再也看不到这样的宫殿了，因此想多看几眼，一饱眼福。皇上听后，特恩准他回乡后可以兴建高楼深宅。这位国舅爷回到永定，果真建起了高大雄伟、宽敞明亮的宫殿般的五凤楼。

客家土楼历史悠久，源远流长

在客家人中盛传的这些故事，虽然带有演绎、杜撰的成分，但却在不经意间说明了客家土楼渊源之流长、历史之悠久。

何葆国先生在《永远的家园——土楼漫游》一书中撰文："土楼是客家人从闽西南高山密林向中原故地深情回望的眼眸；是客家人对客居地激情拥抱的臂膀；是客家人所有光荣与梦想的寄托。"所言有理。

（二）方圆之间与土楼之演变

所谓客家土楼，黄汉民先生概括出来的定义是：客家人聚族而居，并用夯土墙承重的大型群体楼房住宅。据考证，我国殷商时

整个土楼建筑看不到一丝钢筋混凝土的痕迹

夯土建屋

期就有夯土建屋。陕西半坡遗址考古成果表明，生土版筑技术早在六千年前就被广泛应用于民居建筑。唐长安的皇城、宫墙均为夯土墙，城内的里枋也是用土墙分隔。可见，客家土楼是客家人继承和发扬黄河流域生土版筑技术的产物，只是客家先民发挥自己的聪明才智，把中国的传统夯土技术推向了极致的顶峰。

以永定为例，永定是纯客家县，县内四十七万居民大都是客家人的后代。土楼又是永定客家人的杰作，因此，土楼顺理成章地被冠以“客家”两字，最初唤作“客家土堡”或

福建永定土楼

“客家圆寨”，而后逐渐被“客家土楼”所取代，客家与土楼由此就形成了一个不可分割的整体，有了其独特的含义和特定的指向。

据史料记载，客家土楼大致经历了萌芽阶段、初级阶段、成熟阶段和鼎盛阶段。最早的客家土楼萌芽于唐朝晚期南宋初期，初级阶段和成熟阶段则以永定置县为分水岭，明代中叶以前为初级阶段，明末清初以后为成熟阶段，17 世纪 50 年代至 20 世纪五六十年代为鼎盛阶段。

从土楼的构造上说，客家土楼是先有方形土楼后有圆形土楼。早期的客家土楼都是方形的，而且比较巨大，因此更像是土堡。我们发现，十一十二世纪建造的欧洲古城堡大都是带角的矩形，结果造成不利于防守的致命弱点。虽然攻城者在接近城堡时，很容易遭到守城者的射击或被城上投掷的石块所伤，但城堡角上是守军的视线和弓箭难以企及的地方，攻城者就很容易从角边贴近城堡，用工具开挖墙基，或打开一个可以作为入口的洞穴，甚至干脆把城堡挖到倒塌。针对这一弊病，后来的建城者将城堡建成圆形，或在城堡的四周增加向外挑出的角楼，这样在任何位置接近城堡的敌人都能及时被发现，并遭到阻击。作为既要防御野兽伤害，还要抵御暴力袭击的客家土楼，必然也像欧洲城堡一样——由方形向圆形演变。

从土堡演变而来的客家土圆楼的出现，除了有增强防御功能的客观需要外，还必须具备几个条件：强大的家庭凝聚力、相对安宁的生活环境、较扎实的物质基础。可以说，

土楼历经了由方形向圆形的演变，成为今天的样子

圆形土楼之所以在客家居住地应运而生，还有其地理、防卫、生活等诸多客观因素。以永定为例，永定东南部地处博平山脉中段，而且金丰大山有如伸展的粗壮手臂，又如遍布人体各个器官的毛细血管，形成无数个沟壑、山涧、山梁，地形切割非常强烈，随之形成了许多的“窠煞”。所谓“窠煞”就是峡谷或峭壁夹矗地带直窜而来、无自然屏障阻挡的强大气流，对人畜健康及建筑物都会带来严重的危害。客家先民在选择居地，特别是建筑方面非常讲究“避煞”。相对而言，方形土楼的受力面大，

福建永定土楼像一颗颗黑珍珠点缀在山腰上

由于厚度大，土墙隔热保温，冬暖夏凉

不利于消解煞气，楼易受损害；圆形土楼利用圆的切线原理，可以轻而易举地消解煞气。出于地理因素，此为首要。

其次，是防卫因素。客家人与当地土著人混居一处，摩擦冲突、火拼争斗在所难免。从防御的角度上看，方形土楼的四个角存在防守盲区，对方往往以此为突破口，攻城略地。而圆形土楼则具有广阔的射击视野，便于统一指挥，集体防御，而且四周等高同厚，有如铁桶般坚硬，没有薄弱环节。

再次，是生活因素。这里群山环绕，日照时间较短，阳气不足，阴气有加，而且方形土楼有阴暗寒冷的死角房间，不适合人居住，亦不利于分配。圆形土楼则巧妙地消灭了死角房间，有利于公平均等分配。

圆形土楼的诞生还是客家先民勇于实践的结果。客家先民在建房筑屋时发现，边长相同的圆形和方形，其面积前者是后者的1.275倍，可以把有限的空间最大限度地使用起来，不会浪费地皮，同时，还可以节省建筑材料。

从构造演变上说，客家土楼经历了从无

不同的角度，不同的世界

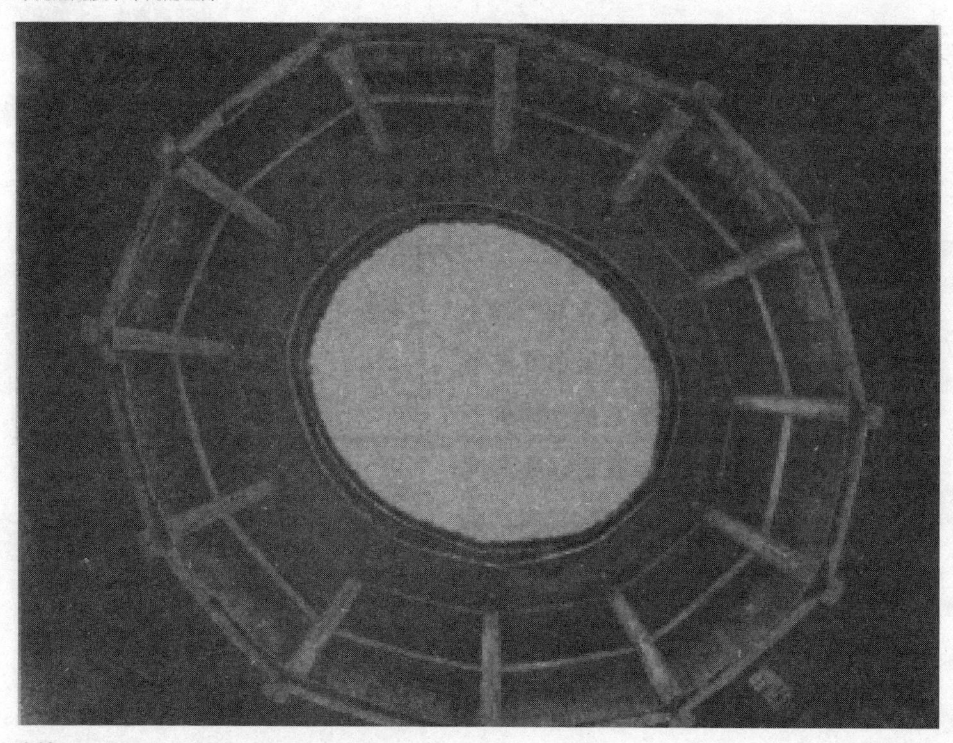

石砌墙基到有石砌墙基的过程。据永定县20 世纪 90 年代的调查，人们惊奇地发现，永定客家土楼中五六百年楼龄以上的土楼不但都是方形的，而且还有一个共同的鲜为人知的特点——没有石基。同时，发现无石基土楼的防御色彩更加浓烈。这些土楼一二层完全不开窗，三层以上开的窗极狭小，土墙也特别厚，全楼只有一个大门，最古老的馥馨楼甚至还有又宽又深的护楼河。无石基土楼都比较简单，几乎都没有厅堂，也几乎不

护楼河

土楼内的各种生活用具

加装饰。而从无石基到有石基，其间还有一个过渡时期，即不冒出地面的石基。

客家土楼经历了由小变大、由方而圆、由简而繁、由粗而精的演变过程，完全符合事物发展的一般规律，即从简单到复杂，从低级到高级。当然，也充分反映了客家生产力水平和客家民系社会、文化的发展历程。

通廊铺设的青砖可以起到减震的作用

二 客家土楼的类型与功能

（一）客家土楼的类型

走进客家住地，仿佛走进一个博大精深的东方古城堡博物馆。说起古城堡，人们立即会想起东罗马时期的君士坦丁堡、英国的温莎城堡、德国的新天鹅城堡、奥地利的萨尔斯堡和西班牙的塞戈维亚城堡等等。这些古城堡，不管是已为历史尘封，还是至今仍矗立于欧洲大地上，其展示的都是西方城堡的建筑风采。可是，当我们把视线转向东方，在客家人住地，人们会惊异地看到东方古城堡——客家土楼的绝世姿容。

客家土楼以独步天下的建筑艺术和异

楼内有楼，显示了客家人的独具匠心

五凤楼

彩纷呈的繁多类型向世人展示着东方古城堡的独特魅力。根据专家调查，土楼的类型有三十多种，概括起来可以分成三大类，即方形土楼、圆形土楼和五凤楼。其中，殿堂式围屋、五凤楼、府第式方楼、方形楼、走马楼、五角楼、纱帽楼、吊脚楼、圆形土楼是东方古城堡博物馆中各具风采、格局相异的建筑。

五凤楼恰似一座宫殿，楼宇参差、富丽堂皇，它以三堂为中轴线，左右有平衡对称的厢房，厢房的规模大小则视楼主的财力而定，有三堂两横式、三堂六横式。这种土楼的屋脊飞檐，风格朴实而气势非凡，呈现出汉代宫殿屋顶的

裕隆楼

显著特点。五凤楼多为五层叠，犹如展翅欲飞的凤凰，五凤楼之名即由此而来。五凤楼大门前必定有一片宽阔的晒坪和一口半月形的水塘，房子必定是前低后高、逐级升高，中间高两边低，呈阶梯状。闽西客家聚居腹地上杭县有传统五凤楼两千座以上，永定县有一千余座，武平、宁化、清流、长汀、连城等几个纯客家县各有五凤楼一千多座。广东全省有五凤楼一万座以上，其中半数见于粤东、粤北。加上江西、广西、四川、湖南等地客家的五凤楼，粗略估计全国共有两万五千座以上的五凤楼土楼，其数量大约是圆、方两种土楼总数的六倍。

永定县高陂镇富岭村的裕隆楼和湖坑镇洪坑村的福裕楼是五凤楼中的杰出代表。裕隆楼又称大夫第、文翼堂，系王氏建于清道光八年（1828 年），历时六年建成。主体建筑坐南朝北，对称布局，面宽 52 米，纵深 53 米，分左中右三个部分，其布局形式俗称“三堂两横”。该楼雕梁画栋，工艺精湛，院落重叠，屋宇参差，气势轩昂，雄伟壮观，外大门石质门楣阴刻“大夫第”三个字。1977

年夏，上海同济大学教授、中国著名园林建筑专家陈从周专程考察此楼后，描述大夫第“处处土墙深檐，黄墙衬于青山白云间。其色彩造型之美，宛如宋元仙山楼阁图”。他“徘徊留恋，未忍遂别”，后又吟诗一首：“仿佛仙山入梦初，自怜老眼未模糊。流风已逝宋元画，如此楼台岂易图。”福裕楼建于1882年，是五凤楼的变异形式，五凤楼的下堂在这里变成两层楼房，延长与两侧三层的横屋相连，中堂建成楼房，后堂五层的主楼扩大与两横相接，构成四周高楼围合更具防卫性的形式，实际上是五凤楼发展到方楼的过渡类型。据楼主林氏兄弟讲述，其父曾任清朝“朝政大夫”，官居四品，所以皇帝

内院中堂

整座建筑中轴对称，错落有致

才准予建造这种宫殿式的住宅。其四周为二至五层的土楼，夯土墙承重，土墙面作白灰粉刷。内院中的中堂则是灰砖木构楼阁、精致华丽。整座建筑中轴对称，屋顶错落、气势轩昂。最盛时楼内居住二十七户两百余人，其前门两边的对联曰：“福田心地，裕后光前。”既解释了楼名，又表明了他们的追求。

殿堂式围屋属于早期的土楼，酷似中原府第殿堂式的民居，源自黄河流域的传统建筑。在河南、陕西等地，文献记载和考古发掘的殿堂建筑和遗址十分丰富。殿堂式围屋与府第式方楼相比，虽渊源同一，但规模较小，结构简单，多以生土夯筑而成，又可分为“二堂两横”“三

简朴整洁的客家民居

堂两横”“三堂四横”等类型，目前，留存不超过10座。围屋内设上下厅堂、天井、后室、横屋、巷道等。无论是“二堂两横”还是“三堂四横”，中轴线都十分分明，围屋的整体呈方形，横屋后半部分比前半部分高一层。

殿堂式围屋的典型代表是位于永定高陂富岭村的福隆楼。该楼为“三堂两横”，建于1823年，占地5000平方米，自西向东依次为：楼门坪、大门、门厅、长方形楼、天井、中厅、天井、半月形围楼。围楼高三层，每层12个房间、2个厅堂。

府第式方楼产生于清代，是特殊年代的产物。或豪华，或简朴，均个性鲜明，均为两进

晾晒的衣物为这座古老的房屋平添了几分生气

两落或是三进两落。府第式方楼建筑平面与五凤楼相似，但一般规模较大，无论是横向还是纵深都较长，各种设施较齐全，门坪外还筑有围墙。从布局上看，府第式方楼在中轴线上的三座楼房，都是前低后高，间隔天井，天井两边为厢房。前座楼设前厅，出口为大门；中座楼设中厅，或称大厅，系全楼公共活动中心；后座为主楼，设正堂。中轴线两侧建有前低后高的两落横屋，互相对称，横屋的房门均朝向中轴线，与“三堂”相呼应。“三堂”与横屋之间分别有一长方形天井，前后以走廊与厅堂连接。前堂大门两侧廊厅分别设一小门，作为横屋的进出口。全楼天面为小青瓦汉代九脊屋

府第式土楼

顶。主楼高，出檐大，主次分明。

坐落在永定抚市镇的“永隆昌”就是典型的府第式方楼，居住在里面的黄氏一族是当地望族。永隆昌楼是福盛楼与福善楼两座府第式方楼组合而成的，两座方形土楼之间有横屋连接在一起，占地 33000 平方米，其中两个大门坪就有 3630 平方米。据说 1931 年国民党军四十九师进驻抚市镇，奉命集中二八九和二九〇两个团进行检阅，一时找不到大操场，最后寻访到这两个大门坪，才解决了问题。两座主楼高达五层、六层，共有各种厅堂 92 个，房间 246 个，144 道楼梯，石框门 33 座，水井 7 眼，天井地坪 20 处，建造历时 28 年之久。所有门户均为石条拱形门框或砖拱石门槛，有石刻门联 15 对。天井及走廊以长条石板走底。屋内木石雕刻极尽事工、豪华古雅、精美绝伦。楼层地面都铺有厚青砖以减震与防火。建造该楼的泥水师傅，壮年携带家眷而来，在工地生男育女，到工程竣工时，已须发斑白，传说有的做了爷爷，不但与儿子在一起做工，甚至孙子也在工地出师当师傅了。徒弟、师傅、师祖三代共建一座楼，可见其规模之庞大。永隆昌楼建成后黄氏现已传了 12 代，还有 33 户 180 多人住在里面。

宫殿式方楼是方形楼的一种，是方楼系列中最富特色、数量最少而且显得最为尊贵的一种。宫殿式方楼与府第式方楼虽然都属于方形土楼系

雕刻精美的窗棂

列，但他们有诸多不同。前者后堂高前堂低，自前而后逐级升高，落差极为明显，后者四周等高；前者的祖堂位于后堂，后者的祖堂一般位于内院之中；前者的屋顶都是断檐歇山顶式，后者的屋顶则是悬山顶式；前者结构装饰远比后者复杂、华丽，后者则显得简单、朴素。另外，与其他种类土楼不同的是，宫殿式方楼不像其他形状的土楼那样人丁兴旺、为数众多，因为宫殿式方楼现仅存一座，即奎聚楼。

奎聚楼位于福建永定湖坑镇红坑民俗文化村，又称儒林第，建于1834年。奎聚楼依山而筑，从远处看，楼宇与背后的山脊连成一体，有如猛虎下山，奎聚楼是虎头，山脊即虎身，这是清朝翰林学士巫宜福根据虎形的地理

奎聚楼是宫殿式结构的方楼

特点而设计的。奎聚楼占地6000多平方米，三堂两横。前半部分三层，后半部分四层，前后楼的屋顶一高一低，分成三段做断檐歇山式，两边侧楼的屋顶做悬山式迭落，以此勾画出高低不一、错落有致的天际轮廓。装饰华丽的敦礼堂是该楼的祖堂。最为独特的是后楼第四层的腰檐中段突出一段小屋顶，使祖堂前向形成重叠的屋檐，层次分明，逐层递升，雄伟壮观，颇有西藏布达拉宫的韵味和雄风。

方形楼这种土楼在客家居住地数量最多。一般的方形土楼结构较简单，通廊式平面，四面等高或相差无几，单独成楼，没有组合。有的呈封闭式，有的呈开放式（所有门朝外，呈店式，一字形），有的呈正方形，有的呈长

奎聚楼

方形。或二三层，或四五层，或面阔二三间，或面阔多达十几间，或单独呈“口”字形，或呈“日”字形，或呈“目”字形。这类土楼在客家数量众多，如果说圆形土楼是红花，那么众多的方形土楼就是绿叶，在众多毫不起眼的方形土楼陪衬下，圆形土楼才显得分外妖娆和美丽。坐落在永定县高陂镇上洋的遗经楼就是一座典型的特大型方形土楼。

遗经楼由前、中、后三座五层方楼和两边各一座四层方楼为主体，加上两座学堂及大门楼，组成无比壮观的庞大土楼群。遗经楼坐落在高坡盆地上无数座方楼、五凤楼之中，它对面就是高达40余米的天后宫土楼塔。据测量，它东西宽136米，南北进深76米，占地

入口处正对天井中央的祠堂

五层方楼

面积 10336 平方米。它有五、四、二、一共四种楼层，内部有 400 个房间，工程浩大。据说是陈氏第十六代祖陈华升所建，始建于清代嘉庆十一年（1806 年），历时三代人，共用了七十年的时间才完工。遗经楼屋面高低错落，外周墙粉白灰，巨幕般闪耀，气势宏伟，走入楼内犹入迷宫。入内首先是一方卵石走底的外天井，在它的两头各建有一座平房作为私塾，以及一些附属平房。私塾呈“四架三间”基本平面，另有天井，自成一小天地，有宽敞的课室与教师住房。以前楼内陈氏一族最旺时有七百多人，这私塾也热闹非凡。直到 19 世纪下半叶以后，楼内弟子才走出楼门去上楼外的学校。在总平面上，遗经楼正好是前

圆形土楼窗子很小且较少打开

后两个方形。这两个方形的横竖任何一座楼，都既可以独立又可以与其他楼有机地组合为一体。整座楼的开间大小和厅、房、天井的配置复杂多变，有单间的小单元，也有围绕一个大厅有 6 间房、面积每层达 100 多平方米的大单元。全楼共有九部楼梯，其中六部与敞廊衔接为公梯，后楼三个大单元各有一部楼梯。遗经楼主楼外墙底层厚 1.1 米，墙厚与墙高之比属薄的一类，夯土质量极好。大门板厚达 20 厘米，二楼以上向楼外开直条单孔木窗，往高窗渐大。建成之后，曾经过强烈地震和战争的考验而安然无损。20 世纪初，红军与国民党军队曾在此楼作攻防大战，红军据楼两个月，国民党军队困楼而攻不进去，曾三次试图用炸药炸开缺口，但土墙与门防太坚固，无济于事，楼内柴米油盐等生活之需可供半年，最后只好撤围。遗经楼住有陈氏二十二户二百人，最小一辈已是第二十七代。二百人住偌大一屋，似乎显得冷清，大楼的维护管理也使他们颇感力不能支。

多角楼无论是八角楼还是五角楼，都是因地制宜的产物，体现了客家人珍惜每一寸土地的远见卓识。这类土楼设计巧妙、形制新颖，不得不让人折服于客家人的聪明才智。

位于永定高头镇高东村的顺源楼是五角

走入楼内，犹入迷宫

遗经楼

楼。该楼建于清道光十九年（1839年），坐落在小溪边的一块三角地带，依着北陡、南狭、临溪的地势及溪流去向而设计营造。内院呈三角形，顺着陡坡分为上下两个庭院，祖堂与前厅形成一组对称规整的空间构图。尽管中轴线不太鲜明，但布局灵活、层次分明，更富立体感。

位于永定湖坑镇南江村的东成楼是八角楼。该楼建于清乾隆年间(1736—1795年),坐东朝西，占地4200平方米。与众不同的是，该楼之所以呈八角形，主要是“风水”引起的变化。据说，楼主本意是想建四方形土楼，但方形土楼的一个角刚好对准不远处山坡上的本村黄婆太的墓地，而该墓地为猛虎下山形，这个角恰似一支利箭对

勤劳的客家人在土楼外播种耕田

准虎头，对黄婆太后代的影响大为不利。为了调节由此产生的纠纷，双方请来翰林巫宜福，巫宜福不愧为才子，想出一个两全其美的方法，即将方形的四个角削去，于是四角变成八角。八角楼由此鹤立鸡群于众多土楼之中，独树一帜。

圆形土楼又称环形楼，旧时称圆寨，是客家土楼中最富盛名、最令人叹为观止、最让人畅想的一种。有单环楼单一质朴，更多的是两环以上的多环同心圆楼，多环圆心楼都由二三圈组成，由内到外，环环相套，外圈高十余米，四层，有一两百个房间，一层是厨房和餐厅，二层是仓库，三四层是卧室。二圈两层有三五十个房间，一般是客房，中一间是祖堂，是居住在楼内的几百人婚丧喜庆的公共场所。楼内还有水井、浴室、磨房等设施。土楼采用当地生土夯筑，墙的基础宽达3米，底层墙厚1.5米，向上依次缩小，顶层墙厚也不小于0.9米。然后沿圆形外墙用木板分隔成众多的房间，其内侧为走廊。其中有年代最久、环数最多的承启楼；直径最长的深远楼；直径最短的如升楼；圆中有方的永康楼和衍香楼；单元式的集庆楼等等。

圆形土楼还有因规模、功能各异的别称，如：土楼王子——振成楼、土楼之王——承启

圆形土楼是客家土楼中最负盛名的一种

环形楼一层一般为厨房和餐厅

楼、袖珍土楼——如升楼、直径最大的圆形土楼——深远楼、回音楼或防震楼——环极楼、书香楼——衍香楼、土楼王子姐妹楼——振福楼等。

从建成时间上说，永定下洋镇的初溪村集庆楼无疑是圆形土楼“长辈中的长辈”，它被称为圆楼之尊。该楼建于明永乐年间(1403—1424年)，坐南朝北，占地2826平方米，分内外两环，外环土木结构，直径66米，高四层，底层墙厚1.6米，无石砌墙基，底层53个房间，二层以上每层56个房间。起初该楼只有一个楼梯，位于门厅东侧，通至四层。清乾隆九年（1744年）进行改造，将二层以上改为单元式，每单元6个房间，各设一道楼梯，单元间用杉木板相隔。内环单层为砖

集庆楼

木结构，共26个房间，设为饭厅或杂物间。祖堂位于楼中心，方形，土木结构。该楼还有四个特点十分有趣：一是全楼共有72道楼梯，是所有土楼中楼梯最多的；二是全楼木质结构不用一枚铁钉，全部是用木榫连接而成，但却十分牢固；三是该楼外环四周设有九个瞭望台，既可以瞭望又可以架设枪炮，凸显踞守防御功能；四是楼后侧底层还设有秘密通道，可谓防卫一绝，当遇险时可以迅速从此通道逃往附近的山坡上撤离疏散。

从设计的精致堂皇程度而言，位于永定湖坑镇洪坑村的振成楼是最出名的，它被称为土楼王子。振成楼的设施布局既有苏州园林的印迹，也有古希腊建筑的特点。该楼建于1912年，花费8万大洋（相当于现在的500万人民币），历时五年建成，全楼占地5000平方米，悬山顶抬梁式构架，分内外两圈，形成楼中有楼、楼外有楼的格局。祖堂似一个舞台，台前立有四根周长近2米、高近7米的大石柱，舞台两侧上下两层30个房间圈成一个内圈，二层廊道精致的铁铸花格栏杆，据说是从上海运到厦门再请人挑进山里的。大厅及门楣上有民国初年黎元洪大总统的“里党观型”“义声载道”

单元间用杉木板相隔

等题字。楼内还有永久性楹联及题词二十余幅，充分展示了土楼文化的内涵。该楼内洋外土,雕刻彩绘技艺精湛,楹联篆刻意味深长,堪称中西合璧的建筑奇葩。1985年，它与北京天坛、雍和宫的建筑模型作为中国南北圆形建筑代表，参加了美国洛杉矶举行的世界建筑博览会，引起了轰动，被誉为“东方建筑明珠”。

但是要从建筑规模、气势上讲，位于永定高北村的承启楼是最有霸气的。该楼为永定县环数最多、规模最大的圆形土楼，鼎盛时居住八百多人，现在仍然居住三百多人，

振成楼被称为土楼王子

土楼里的人家

因此它被称为圆楼之王。该楼始建于明朝崇祯年间(1628—1644年),清康熙四十八年(1709年)落成，横跨两个朝代。坐北朝南，占地5376余平方米。因夯筑外环土墙时，天公作美，未受雨淋，故又称为天助楼。内通廊式，共四环。外环高四层，土木结构，直径为73米，底层墙厚1.5米，自下而上递减，至最顶层墙厚为0.9米。一二层不开窗，一层是厨房，二层是粮仓，三四层为卧室，每层72个房间。东西面各有两道楼梯，正南面开一大门。第二环高两层，砖木结构，每层40个房间，底层为厨房，二层为

承启楼 v

卧室。第三环单层，砖木结构，32 个房间，作为私塾，供楼内女子读书用。第四环为祖堂，单层，比第三环略低，厅堂上方和前屋檐下悬挂清代至 20 世纪 80 年代的一些名人赠送的题匾，两侧大石柱上镌刻着警示子孙后代的楹联："一本所生，亲疏无多，何必太分你我？共楼居住，出入相见，最宜重法人伦""天地人三盘，奥妙无穷；助人间为乐，造福万年"。承启楼与世泽楼之间形成巧夺天工的"方圆一线天"，引来了无数的摄影爱好者。1981 年，该楼作为词条被收入上海辞书出版社出版的《中国名胜词典》。1986 年 4 月，中华人民共和国邮电部发行的中国民居邮票，其中面值一元的“福建民居”就是该楼的图案。承启楼还蜚声海内外，在台湾桃园小人国和深圳锦绣中华都可见它微缩景观的身影。

当然，如果要从文化内涵的视角来说，最有书香气的就是位于永定湖坑镇新南村的衍香楼了，它又被称为书香楼。该楼坐落于南溪与奥杳溪交汇处，坐北朝南，建于道光二十二年（1842 年），占地 4300 平方米，内通廊式，高四层，直径 40 米，土木结构，全楼各道楼

通常圆楼的底层为餐室、厨房，第二层为仓库，三层以上住人

衍香楼是一座圆形土楼，坐落在新南村

梯，均设一道大门。外墙底层墙厚1.5米，四层墙厚0.7米。祖堂位于楼中间，单层方形，砖木结构。祖堂雕梁画栋，古朴典雅，共有三对楹联启人深思："积德多蕃衍，藏书发古香""种德多随居蕃衍，到其读书好出口生香""不因富贵求佳地，但愿儿孙做好人"。楼外围墙环绕，墙高1.8米，正面的围墙用鹅卵石砌成，长约50米，宽0.3米。这堵围墙就似一条龙，龙头为西侧的外大门。据该楼楼主介绍，当初建房时，因为大门找不到好的朝向，只能选择内门偏西方向，但此处正好对准自西而下的奥杳

衍香楼一景

溪，在风水上形成了一个“窠煞”。此乃建筑房屋的大忌。为了镇住窠煞，主人就设计并建造了一条“龙”来镇煞保圆楼。该楼的西侧和后侧建有高二层的学堂，此为“习文”之地；距楼后围墙约百米有一个后花园，绿树成荫，古木参天，此为“练武”之所。该楼人才辈出，不仅祖上有许多为官之人，而且从 20 世纪 50 年代至今，走出了大学教授六名、中学教师一二十名，小学教师三四十名，博士、硕士也有十几名，另外，旅居海外的宗亲现有一千一百多人。

圆寨土楼

（二）客家土楼的功能

客家土楼建筑在功能上具有聚族而居的亲情感、建筑土楼的实用感、居住土楼的舒适感以及防御安全等多种功能。

第一，聚族而居的亲情感。客家土楼属于集体性建筑，其最大的特点就在于其造型大，其体积之大，堪称民居之最。大多数的客家土楼高三四层，共有百余间住房，一座土楼可住三四十户人家，容纳两三百人；大型圆楼直径可达七八十米，高五六层，内有四五百间住房，可住七八百人。这种

永定全县约有两万三千座土楼

通廊

民居建筑方式充分体现了客家人聚族而居的民俗风情。从历史学及建筑学的研究来看，土楼的建筑方式是出于族群安全而采取的一种自卫式的居住样式。在当时外有倭寇入侵、内有兵火混战的情势之下，举族迁移的客家人不远千里来到他乡，一种既有利于家族团聚，又能防御侵扰的建筑方式便应运而生。同一个祖先的子孙们在一幢土楼里聚族而居，形成了一个独立的社会，唇齿相依，荣辱与共。所以，御外凝内是土楼功能最恰当的归纳。

聚族而居的选择在中国各地居民中都有反映，但是在客家土楼最为明显。方楼、五凤楼、圆楼等等，其结构布局都是轴线对称的，而且

圆形土楼体现了客家人聚族而居的民俗风情

客家人淳朴敦厚，和睦共居

在轴线的中心显赫位置必定设置祖堂，以供敬奉，这是聚族而居一体化的布局，也是客家人强烈的家族凝聚意识的体现。

土楼的功能，还有一个明显的特点，那就是回廊贯通。不论哪一种类型，即使等级森严的五凤楼，各房间各院落之间，必有贯通全楼的回廊或通道，以及公共楼梯，从不各自隔离，其目的也在于彼此相通，一览无余。倘若有封闭、隔离之举，就会被视为离经叛道。永定县初溪村的集庆楼系徐氏三世祖七兄弟合建。虽不是真正意义上的单元式土楼，但毕竟是单元格局，

各房间门前有环形走廊

从居住地的私密性和舒适性来讲，在当时有很大的进步，但是人们还是给它取了一个令人不快的别号——“忤逆楼”。集庆楼的楼门楹联写道：“集益都从谦处爱，庆余只在善中求。”横联为：“物华天宝。”好端端的名楼，怎么被称为“忤逆楼”呢？传统上讲，“忤逆”意指子女不孝顺父母的行为，以礼教标准评判，“忤逆”已构成重罪，当受极刑。称其为“忤逆楼”，多少也反映客家人容不得非聚族而居的心理意识。

聚族而居，也就是聚集人力、物力、财力。客家土楼无论大小，每座楼必定有厅堂。此厅堂是用来举行宗族宴请、婚丧喜庆、祭祀祖先、

土楼内的民居生活

供奉门神及其他大型活动的公共场所；这里也是休闲之地，早晨、傍晚楼内的男女老少都可来到厅堂，或坐或站，商讨农事、交流信息。据说不少人就是在厅堂聊天时获得了信息而捕捉住了生意的机遇，后来发了大财。土楼内还有占地面积较大的门坪。这门坪的作用很多，或作节日欢庆场所，或作习武健身场馆，或作晾晒作物场地。每座土楼楼主都会讲这样的故事：某一天，忽然狂风大作，乌云密布，此时全楼人不分你我，齐心协力，把在门坪晒的谷子收起来，以免被雨淋湿。这是很平凡的一幕，但却是令人感叹的情景。

第二，建筑土楼的经济实用感。客家土楼的主要建筑材料是黏土、杉木、石料，还有沙、石灰、

门坪十分宽敞，可作为节日欢庆场所，也可作为粮食晒台

竹片、瓦等辅助材料。有文曾对此专论道:“土楼的建筑有着充分的经济性，一是黄土和杉木为主要材料；二是可口传身授的施工技术；三是无需任何特殊建造设备。”在客家人聚居地，素有“八山一水一分田”之称，有丰富的赤红壤和广袤的森林，生土和林木资源充足，取之不尽，是大自然对客家人的恩赐。用于夯筑承重土墙的沙质黏土都来自于大地，回归于大地，天然的生土取自山坡，不破坏耕地，旧楼若需拆除重建，墙土可以反复使用，或用作农作物肥料，不会像现代砖墙或混凝土那样成为建筑垃圾。杉木、松木也盛产于

挂起了红灯笼的土楼洋溢着节日的喜庆

三环圆楼蔚为壮观

客家人居住的每座山，一般来说，由于土楼屋架通风较畅，木构件受白蚁侵袭或受潮的情形并不严重，旧料可以分两次使用，又是一环节省。石料更是遍布客家人周边的每一条溪河，用之不竭。

土楼的施工技术较易掌握，可以完全靠人力操作，无需特殊施工设备。通常建楼时间安排在干燥少雨的冬季，此时正当农闲，族人可以大量参与工程，大大节省了建筑费用。

由于客家土楼用料和施工的考究，所以土楼十分坚固，特别是圆寨的坚固性最好。

客家人聚居地有着丰富的森林资源，可以用于土楼的建造

圆筒状结构能极均匀地承受各种荷重，不会因受力不均而影响结构，同时外墙底部最厚，往上渐薄并略微内倾，形成极佳的预应力向心状态，在一般的地震或地基不均匀下陷的情况下，土楼整体不会产生破坏性变形。由于土墙内部埋有竹片木条等水平拉结性筋骨，即使因暂时受力过大而产生裂缝，整体结构也无危险。

客家土楼墙外还有护楼河

事实证明，这些取材经济的土楼建筑是经得起各种考验的实用房。在环极楼的前向土楼有一条长长的裂缝，这是被地震撕裂的，像轻启的嘴唇，向我们诉说着环极楼的遭遇及其顽强的生命力。1918 年正月初三的午后，天黑异常，地动山摇，环极楼摇摇晃晃，屋瓦纷纷落地，门上方的土墙开了合、合了又开，楼里的人惊慌失措,急急忙忙奔到楼外。这是百年未有的地震，《永定县志（民国版）》以及 1918 年 3 月 1 日《奋兴报》都有报道：地震尤剧，立足不定，楼房倾倒。地震过后，环极楼安然无恙，只是楼墙上留下了一条长两米，宽十多厘米的裂缝，数天之后又自然弥合，至今

俯瞰土楼

可见不足一厘米的裂痕。此奇迹，令人感叹不已，也向世人昭示了土楼的抗震功能。环极楼的抗震功能主要是靠外环土墙和木结构框架的科学设计和配置来实现的。

地震是对地球上所有建筑物的坚固性的最大考验。历史上许多建筑物在具有毁灭性的自然灾害——地震面前不堪一击，轰然倒塌。但是土楼却承受了地震的考验。据《龙岩地区自然灾害》记载：清朝以来，在客家人聚居地中心永定曾发生过七次地震，每次地震，客家土楼都有惊无险，未曾坍塌。今天，耸立在客家人大地上的几千座土楼，不正是屡历劫难而不倒的事实吗？

土楼的实用性不仅体现在抗震，同时还表现在对洪水冲击和暴雨侵袭的有效防御。为了解除洪水冲击的威胁，明清及以后时期建造的土楼，底部绝大多数用大块鹅卵石垒砌成坚固的石基，其高度设计在百年一遇的最大洪水线以上，土墙则在石基以上夯筑，一般洪水袭来，安然无恙。1996 年 8 月 8 日，永定发生了百年一遇的特大洪涝灾害，其中金丰溪流域降雨量最为集中，金丰溪水面暴涨，冲击着土楼，可洪水过后，许多土楼岿然屹立，楼内居民的生命和财产安然无恙。

土楼有着很强的抗震抗洪功能

为了消除雨淋的威胁，客家人在墙顶设计出了长达 3 米左右的大屋檐，屋檐巨大，如盖如伞，盖上红砖赤瓦，自然不用担心大雨会淋湿墙体、剥蚀墙体。客家土楼皆处湿润多雨的闽西地区，但至今未见土楼遭雨淋而毁的记载。

第三，居住土楼的舒适感。在永定红坑土楼民俗文化村，一些村民将一些闲置的空房间装饰一新，开起了土楼旅馆。据楼主介绍，随着旅游业的兴旺，入住率节节升高，住过土楼旅馆的外地客人感到冬无寒冷、夏无酷热、十分舒适，他们都对土楼的冬暖夏凉感到十分稀

这座土楼曾遭遇过洪水和地震，但它仍能安然 无恙，令人不得不赞叹土楼的安全性能

奇。

不单是游客有此感觉，本地的一些村民也能真切体会到，许多在土楼居住了半辈子的居民几乎一天也无法离开土楼，觉得还是土楼舒适。那么土楼到底舒服在哪里呢？除空气新鲜外，至少有如下两种舒服感：

一是冬暖夏凉。土楼的承重墙体厚实，除了防卫作用外，还有如同保暖瓶似的与外界气温绝缘的作用。有人说，关上门窗，土墙好像皮革把整座土楼围得非常严实，具有极好的保暖作用。到了夏天，由于土墙的隔

"土楼王子"承启楼

土楼里的婚礼

热性能强，而且土墙的散热速度要比其他建筑材料的墙体要快，这就形成了土楼内冬暖夏凉的特点。

二是防潮防湿。潮湿，对于人体是最敏感、也是最感不适的。现代人使用空调，还得用除湿器。在土楼里不用这些，它本身就具有良好的防潮防湿作用。土楼墙体有着类似木炭一般的功能，自然而然地把墙体中的水分吸收进去，以降低房间的湿度，若空气中的湿度小于墙体的湿度，就会将墙体中的水分散发出来，以调节墙体与室内及楼内的湿度。

天井中央的老人

经有关专家的科学论证，得出了这样的结论：土楼有着奇妙的物理性，热天可以防止酷暑逼人，冷天可隔绝寒风侵袭，楼内四季如坐春风。客家土楼的冬暖夏凉及防潮防湿，是土墙所具有的独特的吸蓄与释放性能所带来的特别功能。在闽、粤、赣三省交界地区，年降雨量多达1800毫米，并且往往骤晴骤雨，室外干湿度变化相当明显。在这种气候条件下，厚土保持着适宜人体的湿度，显然十分有益于居民健康。

第四，居住土楼防御安全感。四周等高且极其厚实的墙体是客家土楼最重要的特征之一，是中国传统住宅内向性的极端表现。宽厚的墙体可抵挡利器，土楼内外结构相互支撑，这是土楼良好坚固性的原因所在。城池受攻击的薄弱点是城门，土楼的攻击薄弱点也是门。为了万无一失，一般土楼的门都是厚达 5 厘米以上的硬木材门，硬木厚门上包裹铁皮，铁皮一般 0.5 厘米厚，防止枪炮轰击或刀剑砍劈，门后用碗口粗的横杠抵固，横杠有时一根有时多根，闩上之后十分坚固，承受撞击能力很强。

土楼内部多是木质结构

土楼经历了众多战火的考验，保护了一代又一代客家人

为了防火攻，客家人就在门上方设置防火水柜，一旦外敌用火攻，则楼内人从井里打水提到二楼门上方灌水，水可以顺着门扇流下来，浇灭大火。土楼厚厚的墙、窄窄的窗、粗粗的闩、坚硬的铁门，令盗贼望楼兴叹。

客家土楼如此好的防御功能的形成，主要是客家人出于对外防御和自我保护的生存需要。翻开客家迁徙史就会明白，当时恶劣的生存环境迫使客家人极其重视对外防御，他们将住宅建造成一座易守难攻的设防城市，聚族而居。土楼内水井、粮仓、畜圈等生活设施齐备，

土楼大门

土楼使客家人获得了足够的安全保障。

土楼铜墙铁壁，固若金汤，经历了许多战火的考验，保护了一代又一代的客家人，上演了一出出“敌军围困万千重，我自岿然不动”的革命故事。如土地革命时期，永定高陂镇上洋村的遗经楼驻扎着红军独立团和赤卫队，以遗经楼为堡抗击张贞所部的围剿，红军将士依托遗经楼的坚固和楼内一应俱全的物资，坚守整整两个月，即使张贞所部采用毁灭性炸药包轰炸，接连炸了三次，却只炸出一个小口。久攻不下，张贞所部最后只好停止攻击并撤离战

场。

革命战争年代，客家儿女就是以土楼为依托，粉碎了反动势力的围剿，进行了艰苦卓绝的革命斗争，播撒革命的火种，壮大革命的力量。以永定为例，当时永定全县有七千多人参加了革命，其中两千多人参加长征，六百多人参加新四军，先后有四千多名永定籍革命烈士长眠在故土或异域他乡，为新中国的诞生立下了不朽的功勋；一大批革命家经受住了战火考验和洗礼，成长为党和国家或军队的重要领导

永盛楼

土楼内古朴简洁的家具

人。

客家土楼是中国革命的摇篮之一。福建省第一个农村党支部就建立在永定湖雷镇上南村一座普通的土楼——万源楼里；福建省规模最大、影响最深的永定农民暴动就发生在永定金沙乡金谷寺；在这里，还诞生了福建省第一支红军营和第一个红色政权。

可以说，客家土楼与中国革命紧紧联系在一起，难怪有人说，客家土楼是红色的，对中国革命是有功的。

土楼曾在革命时期起过重要的作用

土楼

三、客家土楼的文化内涵

土楼采用当地生土夯筑，不需钢筋水泥

规模巨大的客家土楼，不仅是山区民居建筑类型中的“巨无霸”，称得上是古代民居建筑中的“航空母舰”，其文化内涵也如土楼的群体一样凝重厚实，包含着精深的建筑文化、浓郁的民俗文化、传统的儒家文化、多元的信仰文化和八卦文化等等。

（一）客家土楼精湛的建筑文化

研究土楼的专家这样说：客家土楼建筑是中国文化中一种纵观古今的结晶，是落后生产力和高度文明两者奇特的混合，它们在技术和功能上造诣极高，是“一本读不完的百科全书”。这些评说毫不过誉。

建筑本身就是科学、文化和艺术的综合体。客家土楼看似土气，但它“土”得非常自然，给人以质朴苍劲的感受，每座楼都凸现了其独特的艺术性和文化性。从土楼建造过程来考量，它在选址、建造、布局、装饰各方面都充分展示了客家先民高超的建造技术和深厚的文化修养。

土楼的建筑文化，首先表现为选址的自然性。客家土楼的选址颇为讲究，

客家土楼选址颇为讲究

甚至可以说十分挑剔，在他们看来，楼址好不好，事关子孙后代千秋枯荣，万代兴衰。

大凡建造土楼，选址有以下几个标准做为参照：一是从有利于生活、生产、出行考虑，注重选择向阳避风、傍水近路的地方作为楼址。二是从楼的外部环境审视，以左有流水，右有山坡，前方开阔，后方坚实为最佳，要“左青龙，右白虎，前朱雀，后玄武”。这种地势不仅能够避开凛冽的北风，而且能够获得最佳的光照、清新的空气、适宜的温度和一目千里的视野。三是从风水上谋求，讲究“四忌”，即忌逆势、忌坐南朝北、忌前高后低、忌正对山窠。四是

荣昌楼

从依山就势上把握，要看山势高低、山坡缓急选择楼址，使楼与山体、山势遥相呼应，又配比适当，彼此和谐统一。土楼选址的自然性，就足以显示客家土楼建筑集地理学、生态学、景观学、建筑学、伦理学、美学等于一体。

土楼的建筑文化，还表现为建造的科学性。土楼的建造，在选定楼址，备好黄土、沙石、木头等基本材料之后，便进入“设计阶段”。说是设计，其实就是使用原始而又简单的折线定线法，就是取一张方形纸，依横、竖、斜各对折一次，展开后纸张便呈八等分。这就成了土楼的“设计图

荣昌楼门口

纸”，说简单其实也包含数学、八卦等原理。因此，许多土楼建筑师虽然不是科班出身，但在长期实践中，却也成为一个名副其实的建筑“土专家”。

万丈高楼平地起。基础是建造土楼的第一个环节。建造土楼的基础工程包括挖石脚坑和砌石脚，挖石脚坑以挖到实土为主，如基础不够实则需要打地桩。砌石脚用“干砌法”，利用河里随处可见的规格不一的大小适中的鹅卵石为石脚承重。石脚一般高出地面一米左右。石脚砌好并充分风干后才可以进入夯墙环节。夯墙是土楼的主体工程，花费的时日和人力是最多的。夯墙的基本工具是墙枋、舂杵、修墙板、承板栓等。其中墙枋是主要工具，为两块长约 2 米，高约 40 厘米，厚 10 厘米的厚木板，

和昌楼

其中一端装上锁板卡固定，另外一端用几块木板封住。夯筑土墙时，将承板栓放在石脚上，拴上架好墙枋，用锁板卡锁紧，然后倒上土，再用舂杵从两端开始向中间夯土。底层一般要“七上七夯”，二楼以上依次递减。

百年大计，质量第一。客家楼主一般用墙针来检验夯墙质量。墙针是一根直径为5—6毫米的铁钉，检查时垂直向土墙刺去，深度浅则为合格，深度深则视为不合格。

墙体夯好后，还要架梁、盖瓦、装修，

土楼布局杂而不乱

整座土楼才算完工。建造土楼工期视土楼规模大小而耗时长短不一，有的两三个月，有的长达两三年，甚至数十年。土楼的建筑艺术，就是在这种科学的建造中实现的。

土楼的建筑文化，还充分体现在整体造型的多样性和布局的对称性上。我们在前面有关土楼的类型中已经讲到了土楼的繁多种类，可谓千姿百态、

异彩纷呈。据土楼专家介绍，有正方形楼、长方形楼、府第式方楼、宫殿式方楼、殿堂式围屋、碉堡式方楼、五凤楼、三角形楼、五角形楼、六角形楼、八角形楼、吊脚楼、凹字形楼、半月形楼、曲尺形楼、圆楼、椭圆形楼、走马楼、纱帽形楼、回字形楼、一字形楼等等。每种类型的土楼的造型也在共性中凸显着各自的个性。这些个性，既出于地理环境等不同因素，也蕴含着楼主生活习俗的文化内涵。

土楼几乎都采用通廊式格局

土楼布局的对称性主要表现在三个方面：其一，明显的中轴线。无论方形楼，还是五凤楼，中轴线都相当明显。厅堂、主楼、大门、门道、走廊都建在中轴线上，横屋和附属建筑分布在中轴线左右两侧，两边对称平衡。圆楼也是如此，其大门、前堂、祖堂等都置于中轴线上，左右两边对称。其二，突出的核心点。纵观客家土楼，几乎楼楼有厅堂，楼楼有祖堂，且祖堂都是居于最核心位置，是全楼的公共空间，然后以厅堂为中心组织院落，进而以院落为中心组合群体。其三，紧连的贯通面。从土楼外表上看，似乎是一个封闭的整体；但从内部看，土楼几乎都是通廊式，各户

土楼门廊、檐角装饰十分讲究

既自成一片，又相通相连，唇齿相依，由此形成外紧内松的格局。如果将土楼比喻为一个完整的人体的话，那么中轴线就是主骨架，祖堂就是心脏，而楼道走廊就是一张密密疏疏的血管交织在一起的管网。

土楼的建筑文化还体现于装饰的简约性。土楼的外墙一般是不加粉刷的，这使土楼整体与自然环境更协调。别看土楼外表古拙粗糙，可许多土楼内部装饰极尽考究，包括窗台、门廊、檐角等也极尽华丽精巧之能事，形成外土内洋的特色。正如前文所述，“土楼王子”振成楼就是一座内部装饰华丽的艺术宫殿。

自古以来，楹联就是文学、书法艺术的承

客家土楼注重楹联的镌刻

载形式。客家土楼在装饰上都会在门柱、门楣等地方镌刻各种各样的楹联，都极意味深长，趣味盎然。这些楹联，教育、激励、规劝人们积极进取，弃恶从善，自觉约束自己的行为。如振成楼正堂正中的对联为："言行法则，福果善根。"此联出自《金刚经》，是人们处世的行为准则，教育人们要遵规守矩、从善如登、从恶如崩。此外，以木刻手法镌刻于振成楼后厅堂两侧的一副对联更能够说明楼主的修养境界之高尚："振作哪有闲时少时壮时老年时时时须努力，成名原非易事家事国事天下事事事关心。"这副对联不仅借用了明代顾宪成的名言，而且将振成楼名嵌在联句之中，让人过目不忘，玩味不已。可以说，如果到了客家土楼，你一定会被客家土楼中的楹联所吸引，洋洋大观、含意深远、启迪心智。

如果说，荟萃建筑艺术、装饰艺术于一身的客家土楼是一座艺术殿堂，那么点缀其中的楹联、字画、雕刻就是艺术殿堂里的一颗颗明珠，这些明珠因为年代久远，存数稀少，从而越发显得珍贵。一座土楼俨然就是一个艺术精品，一个土楼群俨然就是一座艺术宫殿，土楼不愧是中国民居建筑中的奇葩。有文这样写道:“土楼选址讲究寻龙捉脉，土楼造型蕴含人文哲学，土楼布局物化血缘关系，土楼格局体现宗族意识，土楼装饰表达信仰崇拜，土楼楹联讲求寓理寓教。”

土楼楹联讲求寓理寓教

门上的对联和墙上隐约可见的宣传画

（二）客家土楼传统的儒家文化

儒家文化是中国传统文化经典之一，千百年来，儒家思想在世世代代的中华儿女心中深深扎根。客家作为中华民族的一支优秀民系也深深地根植于儒家思想之中。可以说，千万座客家土楼折射出的古朴凝重、绚烂无比的中原文化，正是浸润着儒家思想的中国传统文化。

房檐上的青瓦年代久远

客家土楼居民兴儒兴教，丝毫不比其他地区的民系群体逊色。那些点缀在土楼建筑之上的明珠——楹联就是儒家忠、孝、礼、义、

遗经楼一景

信、温、良、恭、俭、让等思想精髓的最好诠释，可以说客家土楼是凝结这些儒家思想、理念教化的实物。福建本土作家陈炎荣曾经对遗经楼的楹联进行了深入的研究，特别是对该楼的楹联“世德铭朱墨，家风式纪谌”进行了解读。他认为下联中的“纪”“谌”两字是两个人的名，即为陈氏先祖、东汉桓帝时任太邱长的陈实的两个儿子：陈纪和陈谌。他们兄弟子侄直到孙辈，一大家族发展到上百人，仍然和睦相处，没有分家。上联的“朱墨”两字可解释为“红黑”两字或用朱砂制成的墨，但这里应对下联之意应是朱子、墨子两个人。全联的意思是：传世的品行应把朱子家训和墨子的博爱思想当做思想座右铭；家族的风气要以先祖陈纪、陈谌兄弟为榜样。

土楼的楹联文化很特别

土楼对于楹联的选用是相当讲究的，有的还到当时的文化城市上海去征集楹联。永定县城秋云楼的楼门楹联是："秋水一泓银涌地，云山万叠笏朝天。"寓意"富贵双全"，将楼主秋航、云航两兄弟的名字镶嵌联音，同时文字优雅且对仗工整。据说，这副构思巧妙的楹联是楼主花大钱在上海《申报》上登报征选而得，难怪有此不落俗套的妙笔。

客家人视孝为天经地义的责任，因此，客家土楼重孝思想颇为浓厚，他们笃信用"孝道"来维护家庭的伦理关系。因此，在土楼民居中，就出现许多跟"孝道"有关的楹联，如："恪守箴规，承先人崇仁尚义，允为仪式；力行孝悌，愿后嗣爱国兴家，毋佚休光""振乃家声，好就孝悌一边做去；成些事业，端从勤俭两字得来"；又如"东鲁雅言，诗书执礼。西京明诒，孝悌力田"。这些楹联，着重点都归结到"孝悌"上，告诫子孙后代，要修孝心、行孝道，继承中华民族的优良传统，要尊长敬长、

土楼内的烛台

长幼有序，才能构建和谐家庭。土楼里传承的忠、孝、礼、义、信对于我们今天构建和谐社会无疑具有重要的现实意义。

（三）客家土楼多元的信仰文化

客家土楼居民的信仰是多元的，主要是信仰妈祖、佛教、道教、基督教等，但佛教的信仰最为普遍，每座土楼，甚至每户人家都在中心位置的神龛里供奉观世音菩萨，在客家人的心目中，观世音菩萨是佛教的精神代表，被客家人奉为至上神圣。每逢初一、十五，客家人都会在观世音菩萨面前焚香祈福，特别在每年农历三月十九观世音菩萨的

妈祖文化节上的客家人

诞生日、六月十九观世音菩萨成道纪念日、九月十九观世音菩萨出家日，众多信徒更是沐浴斋戒做善事，拜观世音菩萨，祈求保佑生灵，降福赐祉。

妈祖是客家人另外一个普遍信仰的海上女神。客家人的骨子里就潜藏着不甘偏安于一隅的向外开拓扩张之精神，自古以来就有“系条裤带去过番”的传统。过番途中免不了要漂洋过海,为了祈祷过番的青壮年平安抵达目的地，人们兴建妈祖庙以寄托美好的祝福。因此，客家人中的妈祖信仰也很普遍。

永定高陂镇天后宫就是客家人妈祖信仰的典型代表。高陂镇天后宫又称状元塔，也称文

走马廊

塔。相传，明嘉靖年间，永定高陂镇状元林大钦为拜谢嘉靖皇帝所赐而兴建。该塔始建于明嘉靖二十一年（1542 年），清康熙元年（1662 年）落成，砖木结构，高达 40 余米，七层，坐南朝北，占地 6435 平方米，由大门、戏台、大宝殿和登云馆组成。其中，主殿供奉天后(妈祖)。底层为主殿，二三层周围有走廊，四五层用砖木结构，由四方体转为八方体，六七层中间用大圆木柱构建，板木为墙，最上层是葫芦顶，用名瓷圆缸垒成。塔身高耸入云，顶层飞檐配有铜铃数十个，风吹铃响，铿锵悦耳。塔下有护塔房 36 间，塔前为大厅堂，塔后是登云馆大厅、天井，大门入口处有永久性戏台一座，每年天后圣母生日在此祈祷、演戏，热闹非凡。据说，这种宝塔式宫殿结构天后宫在全国仅建三座，北京、苏州各一座，但均已坍塌，现已荡然无存，唯独高陂镇天后宫至今仍然保存完好，因此显得弥足珍贵。

（四）客家土楼神奇的八卦文化

客家土楼文化内涵中当数八卦文化最为引人入胜，因为八卦文化与土楼的形状紧密相连。客家土楼的八卦造型，在让游客困惑不已的同时，会发出“一座土楼简直就是一座迷宫”的赞叹。客家土楼不仅个体庞大，而且土楼内部布局也讲究阴阳八卦，加上廊道交叉纵横，错综复杂，房间门厅众多且十分相似，因此客家就有“一座土楼就是一座迷宫”的说法。一般情况下，非本楼之居民如果没有楼主引领，进入其中就像进入了一个变化莫测、神秘无比的迷宫，即使在大白天行走，也常常会在不经意中迷失方向。倘若是外地流窜而来的盗贼进入土楼行窃，则往往会晕头转向，找不到出口而束手就擒。

为什么“客家土楼像一座迷宫”？其根源

一座土楼就是一座迷宫

八卦文化与土楼形状紧密相连

就在于客家土楼建筑设计中融入了《易经》中的精髓“八卦”的理念。客家先民采用象征、寓意等手法，将《易经》中的八卦理念与地形、水势、风向奇妙灵巧地统一起来，建造出一座座按八卦布局、以阴阳为本的神奇美妙的惊世骇俗之杰作。如果你从高空俯瞰，你会发现土楼与楼外的山峦、溪河、道路十分协调地融合交织在一起，因为客家先民对土楼的选址以阴阳、五行及方位定凶吉。如果你拿出指南针对照，你会发现客家土楼大多坐北朝南，这种坐向，受《易经》八卦之左右。在《易经》六十四卦中“阳尊阴卑”观念的影响下，一般侧重背阴面阳。因此，在客家民间有“南田北屋”之说。

如果你稍稍留意，还会发现客家土楼特别是大型的土楼如振成楼、承启楼、二宜楼等楼内一般挖有两眼水井，且两眼水井呈东西或南北对称，象征日月或影射太极图案中两条头尾相咬的阴阳鱼的眼睛。因此，有人说一座土楼就是一幅太极图形。如果你略懂一点《易经》学、风水术，并认真进行研究，你会发现许多客家土楼的内部构造是按八卦图形精心布局、巧妙设计的，中华传统文化深深地铭刻其中。

客家人为什么要循八卦建造土楼？首先，有其历史渊源。客家先民从中原迁徙而来，中

土楼古拙纯朴，是民居建筑的杰作

原不仅是中华民族的发源地，也是中国传统文化的发源地，中华传统文化思想影响根深蒂固，而八卦又是中华传统文化中的经典之一，所以客家人在建造居住的楼房时，依形就势加以运用，是传承与发展中华传统文化的必然结果。其次，有其现实的需要。客家先民经过数代的迁徙，经历自然与社会种种艰难险阻，而八卦自古以来，便被人们用以排兵布阵、抵御敌人，在设计、建造土楼时运用八卦，自然是出于安全、自卫的需要。再次，这种建筑形制还体现了客家人的聪明睿智。客家民系是中原南迁而来的六大民系之一，既有聪明睿智、心灵手巧

客家土楼风姿万千，雅俗共赏

的中原汉民族的血统遗传，又具备了敢想、敢干、敢为人先的胆识，建筑出富有八卦内涵的土楼，正是客家先民聪明才智的体现。

时间如水，悠悠流淌了几千年，客家先民在他乡异地建筑自己的家园时，把《易经》八卦理念运用到独特的民居建筑中，并与时代精神、人文理想等结合得如此完美，不仅再现了中华传统文化的瑰丽色彩，而且创造出了世界上独一无二的神奇的山区民居建筑。

（五）客家土楼异样的民俗文化

客家民系的真正形成，也许只有短短的

把八卦理念运用到民居建筑中，客家土楼是独 一无二的创举

土楼内的悠闲生活

几百年历史，然而客家人所创造的绚丽多姿的文化、独特的风情风貌却可以说是源远流长。一方面，客家人在由北向南的长途跋涉和频繁的迁徙中，不仅保留了古老汉民族固有的优秀文化传统，与古老的汉民族文化一脉相承；另一方面又不断吸收闽越畲族、瑶族等少数民族的优秀文化，从而形成了独具特色的客家民俗文化。

客家作为从中原迁徙而来的南方六大民系之一，不仅继承了汉民族传统的民俗民情，如过春节守岁、元宵节闹花灯、清明节祭祀、端午节赛龙舟、重阳节登高等传统习俗，而且也因经长时间、广地域的迁徙，与不同地域的民俗相互交融、互相渗透而形成了具有与其他民系截然不同而又富有乡土气息的独特民俗风情，如舞龙、舞狮、擂大鼓、闹古事、迎花灯、木偶、十番演奏、客家山歌等。民风之古朴，异彩之纷呈，无不突显出客家民俗风情的独特魅力，象征着土楼人家对幸福和美好未来的追求。

概括地说，居住在土楼里的客家人仁心敦厚、团结友爱、和善睦邻、热情好客、民情淳朴、乡风文明。走进客家土楼，融入客家人的日常生活，你定会为丰富多彩、情真意切的客家民俗风情所深深陶醉。

走进客家土楼，你定会被客家人优美动听的

客家土楼雄伟大气

土楼前的舞龙

山歌所吸引。客家人不仅善良热情、勤劳质朴，而且能歌善舞，在辛勤劳作之余缘情而发、即兴而唱，创作出具有地方特色的山歌、小调、竹板歌、民谣等，以此表达丰富的情感和美好的愿望。其中，尤以其韵味十足的原生态山歌，让人听后萦绕于耳，回味无穷。山歌大多为“单调”，其中以羽调式为主，徵调式为次。歌词的结构，每首四句，个别也有五句，每句七字，如：“一树杨梅半树红，哥是男人心要雄;只有男人先开口,女人开口脸会红。”在客家土楼，常常会传来一阵阵雄浑、高亢、悠扬的客家山歌。这些年来，客家山歌以其独特的唱腔、格律、音调走俏世界各地，先后在日本、韩国、美国、英国、西班牙、印度等二十多个国家和地区唱响。

俗话说“百里不同风，十里不同俗”。走进客家土楼，你定会被客家人独具特色的民间风俗所吸引。其中最具代表性的风俗活动要数坎市的“打新婚”、陈东的“四月八”、湖坑的“作大福”、抚市的“走故事”等等，精彩纷呈的风情习俗，让人目不暇接。

此外，客家土楼的民间礼俗，与其他

客家婚礼

汉族地区大致相同，主要有婚礼、丧葬礼、寿礼、小儿弥月礼、新屋落成礼、入学高中礼等。与许多地方的民间礼俗有所不同的是，土楼里客家人的各种礼俗都有不同的寓意，且十分深刻。婚礼自始至终都洋溢着喜庆热闹的气氛，丧礼重在教育人们行孝守孝做孝子贤孙，寿礼则弘扬了尊老敬老的传统风尚，小儿弥月礼寄托了长辈的殷切期望和美好祝福，入学高中礼渲染的是鹏程万里的祝贺和光宗耀祖的荣耀，新居落成礼是人们在品尝劳动成果的喜悦……

走过土楼各村各寨，领略客家人所创造

土楼村寨

的五彩纷呈的文化和千姿百态的民俗风情，将会留下难以忘怀的记忆。勤劳智慧的客家儿女在用自己的双手建造起了世界上独一无二的土楼民居建筑这一辉煌巨制的同时，也以其分外精彩的民俗风情为家乡赢得了“文化之乡”的美誉。

走进土楼，感受客家人的热情

土楼

四、客家土楼与客家精神的影响

客家民居内景

土楼作为客家人建筑艺术的杰作和智慧结晶，从几百年上千年的历史深处巍巍而起、款款而来，不仅给中国乃至世界民居建筑增添了无穷的魅力，也对世界建筑和人类文化产生了巨大的影响。

客家土楼的影响源于客家土楼所承载着的客家精神。客家土楼所培育的客家精神，包括团结一心之精神、敦亲睦族之精神、开拓进取之精神、崇文重教之精神。

团结一心之精神

客家人因团结而聚族，因聚族而居，故建造偌大的土楼家园，因偌大的土楼家园又把客家人更好地团结起来。一个家族少则数十人，多则数百人，共居一楼，和睦相处的景象在客家随处可见，无论是楼名还是楼规民俗，都充分体现了高扬的家族凝聚意识。就楼名而言，永定初溪村的“集庆楼”“余庆楼”“善庆楼”“共庆楼”“华庆楼”“福庆楼”等等，“庆”字辈土楼把家族的和睦团结体现得淋漓尽致。

敦亲睦族之精神

每一座土楼中祖堂都居于最为中央

胡文虎纪念馆牌坊

的位置，就足以证明客家人敦亲睦族的精神。另外，还有一例更能说明客家人重宗亲的思想。20 世纪蜚声海内外的万金油大王、报业巨子、爱国侨领，祖籍福建永定的客家人胡文虎先生当时用人始终坚持两个原则：一是“我怀疑的人就不用，用了就不怀疑”；二是“先取子侄，后为族人，再是外才（最好是客籍）”。可见胡文虎先生敦亲睦族思想的根深蒂固。据载，当时永定籍的胡桂庚和林霭民曾经是胡文虎药业和报业两要台柱子。从 20 世纪 20 年代末到 50 年代前期，客家人在“星系”报业担任过社长、经理、主笔、编辑等高级职务的就有 43 人，各报的社长、经理、编辑除了其同乡之外，均为子侄和宗亲。由此可见客家土楼敦亲睦族思想

充满生活气息的客家民居

土楼一隅

观念之一斑。

开拓进取之精神

客家本土人口并不是很多，但在海外的客籍华侨却有百万之多，客家人总是保持积极开拓和进取的精神。因而“小富即安、小富即稳”的思想很难寻觅，所以历史上“系条裤带去过番”成为一个地方的独特景观，许多客家男子为了寻求更大的发展空间，纷纷通过亲戚朋友的牵线搭桥，漂洋过海，创家立业。到新加坡、印尼、缅甸等南洋各地去拓荒，他们是南洋地区现代文明的奠基者和传播者。永定大溪乡现居住人口不过万余人，但在海外的华侨却多达三万多人；下洋

勤劳的客家人

客家人保留了优良的耕读传统

中川现在只有人口两千多人，但在外华侨却多达一万多人。在这个古香古色的南方古村落里徜徉，你会时不时看到客家名人的故居，故居里的人会说出串串令他们无比自豪的名字，如胡文虎、胡文豹、胡子春、胡仙；还有那胡家祖祠高高耸立的石桅杆，显示出胡家人才辈出，辉煌鼎盛。客家华裔在外影响也是十分深远的，如抗战捐资第一人、万金油大王胡文虎，锡矿大王胡子春等等。

崇文重教之精神

古往今来，客家人这个优良传统最为明显，无论是在居无定所的迁徙过程，还是在耕作劳作之余，客家耕读之风总是保持极高的水平。

永定土楼石刻

这是中原士族“万般皆下品，唯有读书高”耕读遗风的继承和发扬。这个精神在客家土楼中体现得最为明显，因为每一座土楼几乎都有私塾或学堂。比较著名的土楼如二宜楼、振成楼、衍香楼等，都把学堂当做楼的一部分包容进去。如振成楼的学堂是命名为“醒庐”“超庐”的附属建筑；衍香楼的学堂有文舍也有武馆，福裕楼的学堂为“日新学堂”等。

对于客家人的“崇文重教”，法国的天主教教父赖查理斯在一份报告中这样写道：“在一个不到三四十万平方米的地方，我们随处都可见到学校的创设，一个不到三万人的乡镇就有十所中学和数十所小学，就学的人数几乎

土楼气势恢弘

超过了全乡镇的一半。在乡下每个村落，尽管那里只有三五百人，至多亦不超过三五千人，便有一个以上的学校。因为客家人每一个村落里的祠堂，就是他们的学校。全境有七八百个村落，就有七八百个祠堂，也就是七八百所学校。按照人口比例来计算，中国乡镇很少有这样的高比例，就是与欧洲各国相较，亦不多见。”

客家土楼中还传颂着“五代翰林院”“兄弟双进士”“一楼十博士”“一家五医生”“一镇三院士”等故事，讲的就是永定坎市青溪村廖氏家族五代人中，从康熙至光绪年

客家人的节日

间，共出了五个翰林、两个进士、七个举人，其中廖寿恒、廖寿丰兄弟二人官至巡抚、尚书。“一楼十博士”指的是永定高头乡的侨福楼江姓家族在新中国成立至今出了十个博士。“一家五医生”是指永定凤城镇书院郑姓人家出了五位医生。“一镇三院士”是指永定坎市镇早在20世纪50年代就出现了“学部委员三院士”的传奇人物，分别是原中国科学院院长卢嘉锡，中国科学院南京古生物研究所副所长、地址古生物学家卢衍豪，中国科学院物化所色谱研究室主任、化学家卢配章。1985年，中国学部委员不过三百人，而坎市居然占了三位，占总数的百分之一。

客家土楼名声鹊起，源于世界乡村旅游热

土楼内的民居生活

的兴起。20世纪90年代开始，以历史悠久、风格独特、规模宏大、结构精巧、功能齐全、内涵丰富而闻名于世，在中国传统古民居建筑中独树一帜，被誉为“世界上独一无二、神话般的民居建筑奇葩”和“东方文明的一颗璀璨明珠”的客家土楼，在一浪高过一浪的乡村旅游热潮中日渐走红，成为世人瞩目的焦点。

精美的雕饰

曾几何时，客家先民建造精彩绝伦的独特家园，只是为家族的团结、对外防御和对内居住的舒适，何曾想过，当历史的扉页翻到20世纪末和21世纪时，与自己朝夕相处的土楼会引起全世界的瞩目。

客家土楼除了高超的建筑艺术价值、丰富的民俗文化价值外，还涵盖了深邃的历史价值、精湛的建筑科学价值，代表一种独特的建筑艺术成就和一种创造性的天才杰作，是中国古代建筑的活化石，它能够为已经消逝的文明提供独特的实物见证。好事总是多磨，经过漫长而又艰辛的十年“申遗”道路，终于在加拿大魁北克2008年7月2日至10日的第32届世界遗产大会上，世界遗产委员会投票通过了最新一批世界文化遗产，客家土楼被正式列

土楼雕刻精致

俯瞰土楼群

入《世界遗产名录》，申遗的成功，既是荣誉，又是一种责任，它意味着中国对全世界的承诺，更要努力用尽各种方法来为全人类保护好这份遗产。古老的土楼蕴含着丰富的时代精神，这也是土楼的“独一无二”之处，是比世遗本身更珍贵的遗产。我们应该“学而时习之”“温故而知新”，最终超越先人，为子孙后代留下更珍贵的遗产。否则，面对弥足珍贵的遗产，我们只能汗颜，而且先人的遗产越辉煌，我们的惭愧就越深重。

圆楼如同湖中的水波，环环相套，非常壮观

土楼